古法食譜

吳瑞卿 編著

商務印書館

系列序言

吳瑞卿

書海無涯，知識爆炸，正是今天出版界和讀者的困惑之一。如何能夠在快速的生活節奏下，舉重若輕地把知識的精華獻給讀者是極大的挑戰，況且還期望引起讀者更深、更廣的閱讀興趣？雋永系列就是在這種挑戰下構思的。

雋永系列涵蓋豐富多元的選題，邀請底蘊深厚的特約編者精心選輯，務求所摘零篇短語，蘊含精闢的見解與道理。我們希望每一本小書既是選題領域的入門階，也是讀者就手翻閱的參考。

千錘百鍊的精華，經得起歲月的考驗，是為雋永。雋永系列不是「即食文化」，而是千百年來文化積累的生活智慧，是一種另類導賞，讓讀者輕鬆愉悦地閱讀，樂享前人的經驗和心血結晶。用流行的概念來説，是通識教育的分題小課本。

雋永系列的選題將是讀者會感興趣，並與生活文化有關的，既有學，也有術，歷久常新。例如：「……春天吃龍蝦，一定要吃母龍蝦，才是佳品……母蝦的爪最末的一隻指尖是孖生的，因此內行人買龍蝦要選孖指龍蝦。」（《食經雋語》摘錄陳夢因《食經》）、「茶宜常飲，不宜多飲。常飲則心肺清涼，煩鬱頓釋；多飲則微傷脾腎，或泄或寒。」（《茶書雋語》摘錄明許次紓《茶疏》）。讀者或視為常識，或問其科學理據，或提起興趣追尋內容更廣、更深的讀物。

小書能引發讀者實踐的興趣，進一步思考和研究，更是策劃編輯之所願。

序——嘗一臠通識

楊鍾基

吳瑞卿這本小書，從構思、選材、分類、標題到註釋，我都給了好些最後未能付諸實行的建議，也就順理成章優先在此寫下我的期待和導賞。

與瑞卿相知，緣自我們是通識教育和學運的同道，更是饞遊饞食的同羣。好幾次在酒酣饌足之際，談起當今「食譜」汗牛充棟而較少細談飲食原理以至飲情食趣的「食經」，瑞卿認為中國古代食譜其實就有不少可供品鑑賞玩的經典之作，有意輯而論之。樂觀其成之餘，心念以她的史學訓練，應可做出一部體大思精的巨製，然而意想不到，她卻選擇了從一本看似容易實則困難倍之的小書開始。

從開始到成書示人，都存在一個似乎永遠解決不了的難題，就是手上數以十倍計的原始資料不論用甚麼方法放進「雋永」這個小框框，都有顧此失彼的遺憾。隨手翻看初步選出來的千百條目，真是如入山陰道上，左右逢源，目不暇給，既驚嘆中國飲食文化的豐盛多姿，又感慨此等主流文化邊沿的資料沙金並雜、瑕瑜互見，每一條都像有入選的價值，又似有淘汰的理由，最後是存是廢、當取當捨，以至要不要選中看不中吃的菜式？如何處理同物的異名？如何統一蒸、炆、燉、煑的稱謂？都是大費周章、麻煩之至。

有限的片斷選好了，更大的問題是如何分類、如何連貫、如何切入？以書為類、按時排序、依據食材食理還是烹調之道，每一個方法似乎都有好處而又有其不足，在熱烈的討論之中，我一直以為，只有詳盡的註釋和論述，才能發揮這些古食譜的精髓。瑞卿的信心卻沒有動搖，她的一句話引發出我對這本小書的正面評價。

她說，我們從事通識課程設計的人，常常抱怨找不到理想的通識教科書，其實我們環繞這書的爭論，不就是很好的啓發嗎？

嘗試將此書連繫到通識教育的設計，我們都明白，所謂「通識通通識」可能是對通識教育最大的誤解。在資訊爆炸的時代，我們不可能要求學生去啃每一學科的全集和總集。另一方面，入門固然需要津梁，可是把學科弄成「罐頭湯」、「即食麵」，也是對通識教育的誤解。至少對於教育程度較高的讀者，讓他們直接體會一下原汁原味的原典原文可能是更負責的教育之道。又當通識課程無可奈何地要設計考試，設計者常遭詬病，就是沒有提供標準答案，殊不知道提倡獨立思考、尊重不同答案，才是通識教育的肯綮鵠的、關鍵所在。

由是以觀，換成通識教育的設計思維，這本小書精約的選材、省簡的註釋、有趣的標題和親切的點評，都為讀者留下寬廣的空間，讓讀者可以自訂切入的方式，與前人從容對話。

古語云：「嘗一臠肉而知一鑊之味」當然頗有誇張，我們不可能奢望讀了這本小書就能進入我國古代飲食文化的堂奧，倘若從這些雋永的原典原文「橫看成嶺側成峰」，有所會意，編者的努力便得到最佳的回報了。

前言

吳瑞卿

編選一本關於古代飲食的小書作為文化通識，列於「雋永系列」的趣味讀物，是我構思了很久的事。

招待外國朋友吃粵菜，我常點一味燒乳豬，因為他們都聽說過Roast Suckling Pig。朋友嘆為美味之際，我說：「這算不了甚麼，絕品乳豬是這樣的：把全隻乳豬剖開去掉內臟，腔內塞滿棗子，用蘆草織成蓆裹着豬，外面塗上草泥，放到火上烤。烤到泥乾，剝去泥蓆，用手摩搓以去掉豬皮上的薄膜。用米粉加水調糊，塗在乳豬外皮上。燒紅一大鍋豬油，把整隻乳豬放進油裏炸。炸好後連皮切成肉條，放進一隻小鼎，加入紫蘇等香草。燒一大鑊水，把小鼎放入文火燉之，三天三夜不停火。乳豬燉好，吃時加入醋和醬。」

朋友聽得入了迷，讚嘆：「一定美味之極！哪兒能吃到？」我故意輕描淡寫：「烹調太複雜，今天吃不到了。那是有三千年歷史的食譜，記載在二千多年前的古書裏。」我非吹牛，過千年的食譜隨時找到，正是中國人值得自豪的文化傳承。這乳豬的製法出於《禮記》，菜名「炮豚」。今天已很難做到，原因是烹法複雜，還要燉三天三夜，現代觀念會視為不環保。

很多古譜上的菜式今天吃不到，相對而言，瀏覽古代飲食文獻，會發現原來今天很多烹飪法已有過千年歷史，例如《禮記》裏的「淳熬」，名字有點古怪，看譜才知是豬油撈飯，不過二千多年前用魚或肉熬製的醬汁，我們則用豉油。此外，很多古譜中的烹飪法，蘊含精妙道理，歷久常新，今人仍在運用。很多古代的菜名，在今天看來很奇怪，不讀其內容不知所指為何，解讀之後常有意想不到的趣味，例如「禁臠」原來是豬頸肉，「撥霞供」是山中吃火鍋！編選這本小書花的時間比預計長得多，其中原因是我樂在其中而忘卻目的在於選譜。

一百多條古法方譜，編選起來比我想像中困難得多。第一道難題是記載飲食的書籍文獻不算太多，但古代食譜或烹飪法，少說不下數千條，如何取捨？我相信一百位編者選譜都會不盡相同，所以取捨之間必有編者的原則和喜好，很難有普世的客觀標準。最後我以「十分摩登」、「原來如此」、「庖廚智慧」、「千載家常」、「常備作料」和「懷古解饞」六個標題，把方譜歸類，每一標題書內都有分類説明，不贅。雋永系列本來是希望挑起讀者的興趣進一步自行探索的通識讀物，取捨不是最重要的問題。

第二個困難是版本問題，分兩方面。其一，歷史飲食文獻經過世代傳承，同一食譜在不同朝代不同的文獻常有出入，中國古書引文也經常不標明出處。最好的例子是清代規模最大的食譜《調鼎集》，內容皆是編集歷代食譜而來，要追尋核對原書出處和版本非常困難，甚至是無法做的事。其二，不同版本的古書常見字句之差，究竟依據哪一版本為正？編者盡量使用能找到最早的版本，例如民俗學者婁子匡編彙，國立北京大學中國民俗學會出版的《民俗叢書．飲食篇》，該叢書收選數十種古代飲食文獻書籍，大部分都是影印明清的原刊本，甚至有唐代的手鈔本。在一般不容易看到善本古書的情況下，這是十分寶貴的原始資料。即使找到較早的古書，不同版本字句之差，也需要判斷取捨，這也是不容易的工作。

幸好，本書的重點不在考證版本，差異字句的學術爭論不是小書能涉及的範圍。編者盡其所能核對並作出取捨，務求字詞的微細差異不影響讀者領略古代食譜的要義。

第三個困難是古詞古字的詮釋。古文的註釋對現代讀者十分重要，問題是一些古字古詞的含義並不十分清楚，世代相傳之間更會流於泛用。例如「燒」字，歷代食譜中「燒」可能指火上烤，可能指煮，也可能像今天紅燒的燒；最典型的例子是元代倪雲林的「燒鵝」，原來是蒸鵝。

儘管很多古代食譜有關食物處理和烹調的字詞用得不夠精確，但字詞本身當有原義，編者主要查證《說文解字》、《釋名》、《佩文韻府》、《康熙字典》和《辭源》等辭書。除了找出原來的意思，還要看方譜的內容，加以融匯。為了便於讀者了解，除了在內文中作精簡的註解外，編者也為一些古菜名註以現代概念的名稱。例如「炙豚」是烤豬，「湯菹」是醃菜。然而，編者個人的烹飪知識和經驗非常粗淺，有些烹飪法無法古今對照，或對照得不夠傳神，正好留待廚師讀者或箇中好手再推敲！

我在查證辭書的過程中，不意從中增長了不少知識，十分值得和讀者分享，因此挑選了一些古代的飲食字詞列於書後，作為有興趣者的入門參考。

編彙本書的樂趣也比預期多。編者對古譜食譜向有涉獵，但一直都只是泛泛閱讀。這次為了挑選條目，細意斟酌之餘，發覺古代的飲食世界絕對可以是今日的實用寶庫。編者偶爾也忍不住跟循古法炮製，竟也真能做出一些簡單而美味的菜式，例如宋代《山家清供》中的「酒煮玉蕈」，清代《隨園食單》裏的「雞粥」。還有不少菜譜都是今天可以做的，讀者可有興趣一試？

《古法食譜》不是一本考證或釋名的書，我們只希望選出一條打破時空的文化風景線，把古人與現代讀者牽在一起。小書只是打開了幾片小窗，方便讀者輕鬆愉悅地一窺豐富精彩，淵源深遠的古代飲食世界，吸引您繼續尋幽探秘。

目錄

原來如此

庖廚智慧

千載家常

常備作料

懷古解饞

附錄

十分摩登

薄切生牛肉，加魚醬汁與果漿而食。這不是意大利的 Carpaccio，也不是德國的韃靼牛肉，是中國二千五百年前的名菜，叫「漬」，古代八珍之一。

唐代下酒物炸烏賊，與現代酒吧的炸魷魚何其相似。北魏時的炙生蠔，火上烤僅熟去半殼，擺在銅盤上，小碟醋拌之，絕對可以作今天酒會的美點。

以為古譜古老，原來十分摩登！

漬

醬拌生牛肉．古代八珍之一

取牛肉，必新殺者。薄切之，必絕其理，湛（浸漬）諸美酒，期朝而食之。以醢（魚醬汁或肉醬汁，見86頁）若醯（醋）醷（漿）。

——周．《禮記》

點評

二千多年前中國已經有意大利 Carpaccio，還是德國韃靼牛肉？

脯炙

烤肉塊

羊、牛、麞、鹿肉皆得。方寸臠切切成小塊。蔥白研令碎，和鹽、豉汁，僅令相淹少時便炙火上烤，若汁多久漬，則肕韌。撥火開，痛逼火近火烤，迴轉急炙。色白熱食，含漿滑美。若舉而復下，下而復上，膏盡肉乾，不復中食。

——北魏・賈思勰《齊民要術》

點評

古代的BBQ！脯在古代是醃漬的意思，與廣東人説的肥脯無關。

炙蚶、炙蠣

烤蚶、烤生蠔

炙蚶（蚶蚶類貝）：鐵錫上炙（火上烤）之。汁出，去半殼，以小銅柈（盤）奠（盛）之。大奠六，小奠八。仰奠，別（另）奠酢（醋）隨之。

炙蠣（蠔）：似炙蚶。汁出，去半殼，三肉共奠。如蚶，別奠酢隨之。

——北魏・賈思勰《齊民要術》

點評

可作雞尾酒會美點或西餐前菜？

魚膾　魚生

魚不拘大小，以鮮活為上。去頭尾肚皮，薄切，攤白紙上晾片時，細切如絲。以蘿蔔細剁，布紐作汁，薑絲拌魚入碟，雜以生菜、胡荽、芥辣、醋澆。

——明・劉伯溫《多能鄙事》

點評

明代版本魚生。粵菜魚生亦相似。

胡飯 卷餅

以酢醋瓜菹，長切。將炙火上烤肥肉，生雜菜，內餅中，急卷卷用。兩卷三截，還令相就，並六斷，長不過二寸。別奠「飄齏」隨之。

細切胡芹，奠下酢中為「飄齏」。

——北魏・賈思勰《齊民要術》

棒炙　烤牛肉

大牛用膂牛里脊，小犢用腳肉亦得。逼火偏炙火上烤一面，色白便割；割遍又炙一面。含漿滑美。若四面俱熟然後割，則澀惡不中食也。

——北魏．賈思勰《齊民要術》

點評　可似中東風味的夾餅燒肉Kabak？希臘的Gyros？

蝦生

南人多買蝦之細者，生切焯菜、蘭香羅勒葉、蓼等，用濃醬、醋先潑活蝦，蓋以生菜，以熱釜覆其上，就口跑出，亦有跳出醋碟者，謂之「蝦生」。鄙俚當地人重之，以為異饌也。

——唐・劉恂《嶺表錄異》

牛蒡脯

牛蒡乾

孟冬後，採根淨洗、去皮煮，毋令失之過，槌研壓乾，以鹽、醬、茴茴香、蘿時蘿、薑、椒、熟油諸料研浥醃一兩宿一兩夜，焙乾。食之如肉脯之味，筍與蓮蓮藕脯皆同此法。

——宋・林洪《山家清供》

點評

牛蒡為近年新興保健食品，何不做宋人製脯作零食？

魚鬆

大鰱魚最佳，大青魚次之。將魚去鱗，除雜碎（內臟、鰓等），洗淨，用大盤放蒸籠內蒸熟。去頭、尾、皮、骨、細刺，取淨肉。先用小磨麻油煉熟，投以魚肉炒之，再加鹽及紹酒，焙乾後，加極細甜醬瓜絲、甜醬薑絲。和勻後再分為數鍋，文火揉炒成絲。火大則枯焦，成細末矣。

——清・曾懿《中饋錄》

肉鬆

以豚（豬）肩上肉，瘦多肥少者，切成長方塊。加好醬油、紹酒，紅燒至爛。加白糖收鹵（汁），再將肥肉撿去。略加水，再用小火熬至極爛極化，鹵汁全收入肉內。用箸擾融（鬆）成絲，旋攪旋熬。迨收至極乾至無鹵時，再分成數鍋，用文火以鍋鏟揉炒，泥散成絲。焙至乾脆如皮絲煙（水煙絲）形式，則得之矣。

——清・曾懿《中饋錄》

煨冬瓜

焙冬瓜

老冬瓜一個，切下頂蓋半寸許，去瓤、子淨。以豬肉或雞鴨，或羊肉，用好酒醬、香料、美汁調和，貯滿瓜腹。竹簽三四根，將瓜蓋簽牢。豎放灰堆內，則攏糠鋪底及四圍，窩到瓜腰以上。取灶內灰火，周回焙築（周圍堆起來）埋及瓜頂以上，煨一周時，聞香取出。

——清・顧仲《養小錄》

點評

冬瓜盅的古老版本，可以想像更香濃！

松壑蒸蟹

活蟹入鍋，未免炮烙之慘。宜以淡酒入，盆略加水及椒鹽、白糖、薑、蔥汁、菊葉汁，攪勻。入蟹，令其飲醉不動，方取入鍋。既供饕腹，尤少寓不忍於萬一云。蟹浸多水，煮則減味，法以稻草軟挽匾髻（以稻草捲成扁髻狀）入鍋，平水面，置蟹蒸之，味足。

——清・顧仲《養小錄》

點評

先醉後蒸，黃油蟹炮製法沿此而來？

炸烏賊魚

炸熟，以薑醋食之，極脆美。或入鹽渾（整條）醃為乾，捶如脯，亦美。吳中人好食之。

——唐・劉恂《嶺表錄異》

點評

墨魚魷魚雖不同而相類，炸烏賊與今天酒吧的熱門下酒物炸魷魚異曲同工。

鴨煎　炒鴨鬆

用新成子鴨極肥者，其大如雉（野雞）。去頭，爓治（燒開水燙之去毛），卻腥翠、五臟，又淨洗，細剉（剁）如籠肉（作餡的肉）。細切蔥白，下鹽、豉汁，炒令極熟。下椒、薑末食之。

——北魏・賈思勰《齊民要術》

點評 似現代的炒鴿鬆，唯是用鴨。可試。

原來如此

中國菜常有雅致或寓意吉祥的名稱，增添美麗的聯想。例如蠔豉髮菜炆齋「發財好市」，鵝掌、山瑞裙、花菇、芥菜膽、髮菜釀竹笙「五福臨門」。至於「金玉滿堂」是蝦仁炒飯還是新興纖體菜尖椒炒玉米，廚師可以自行無限發揮。

古時帝王的禁臠，現代老饕隨時可以享用，原來禁臠是豬頸肉。撥開雲霞打邊爐，吃得夠詩意。菜名如謎語，揭盅原來如此！

禁臠　豬頸肉

元帝鎮建業，得一豚，以為珍膳，項上一臠（塊）尤美，輒以奉帝；羣下未嘗敢食，謂之禁臠肉。

——唐・《晉書・謝混傳》

點評

禁臠原來是豬頸肉！

金齏玉鱠 乾鱸魚絲

吳郡獻松江鱸魚乾鱠（乾魚絲）六瓶，瓶容一斗。作鱠法，一同鮸魚。然作鱸魚鱠，須八九月霜下之時。收鱸魚三尺以下者作乾鱠，浸漬訖，布裹瀝水令盡，散置盤內。取香柔花葉，相間細切，和鱠撥令調勻。霜後鱸魚，肉白如雪，不腥。所謂「金齏玉鱠」，東南之佳味也。紫花碧葉，間以素鱠，亦鮮潔可觀。

——唐・《大業拾遺記》載於《太平廣記》

酥黃獨

煎芋頭

煮芋有數法，獨酥黃獨，世罕得之。熟芋截片，研榧子、杏仁和醬，拖麵（蘸麵粉漿）煎之，且自侈為甚。詩云：「雪翻夜鉢裁成玉，春化寒酥翦作金。」

——宋・林洪《山家清供》

渾羊歿忽

全羊燒鵝

見京都人説，兩軍每行從進食，及有宴設，多食雞鵝之類，就中愛食子鵝。鵝每隻價值二三千。每有設設宴，據人數取鵝，燖燒開水燙去毛，及去五臟，釀以肉及糯米飯，五味調和。先取羊一口，亦燖剝，去腸胃，置鵝於羊中，縫合炙火上烤之，羊肉若熟，便堪去卻羊，取鵝渾整隻鵝食之，謂之「渾羊歿忽」。

——《盧氏雜説》，載於宋·《太平廣記》

點評

以整隻羊來烹製一隻鵝，可以想像其美味，但絕對是奢侈！

鳳凰腦子

酒釀豆腐

好腐（豆腐）醃過，洗淨曬乾，入酒釀糟。糟透甚妙。

——宋・林洪《山家清供》

撥霞供

火鍋·打邊爐

向遊武夷六曲，訪止止師，遇雪天，得一兔，無庖人可製。師云：「山間只有薄批切薄片，酒、醬、椒料沃稍醃之，以風爐安座上，用水少半銚銅製煮食器，候湯響一杯後飲一杯酒的時間，各分以箸筷子，令自夾入湯，擺熟擺動涮熟啖之，乃隨宜各以汁供各人隨意蘸汁食用。」因用其法，不獨易行，且有團欒熱暖之樂。

——宋·林洪《山家清供》

點評

撥開雲霞吃火鍋，極盡詩意！

庖廚智慧

母親傳授入廚要訣，牛肉必須橫切，否則韌。難道她讀過《禮記》所教的「薄切之必斷其理」？抑是明代宋詡說的「視横理薄切」？宋詡還教人牛肉宜「速炒，色改即起。」蘇東坡善烹豬肉，秘訣是「待他自熟莫催他，火候足時他自美。」

今天的肉丸講究「彈口」，一千五百年前的肉丸如何做到何止「彈口」，更高境界是會「跳」？雞肝要嫩，清代袁枚教你用酒醋噴炒。

庖廚智慧，經得起千年考驗；文化傳承，早已融入生活之中。

跳丸炙 肉丸

羊肉十斤，豬肉十斤，縷切切絲之。生薑三升，桔皮五葉，藏瓜醃瓜二升，蔥白五升，合擣，令如彈丸。別以五斤羊肉所臛濃湯，乃下丸炙煮先烤再放湯裏煮之，作丸也。

——北魏・賈思勰《齊民要術》

點評

彈丸是古代用以取代箭矢小圓球。肉丸不但要「彈口」，而且彈到會跳！

蝦腐

脱大蝦頭，擣爛，水和，濾去滓，少入雞鴨子（雞鴨蛋）調勻，入鍋烹熟。取冷水，瀉下，俱浮於水面，撈，苴（包裹）絹布中輕壓去水，即為腐也。

其脱肉機（几，案板）上斫絕細醢（魚醬汁或肉醬汁，見86頁），和鹽、花椒，浥（灑）酒為丸餅，烹熟，置腐上，擷鮮紫蘇葉、甘草、胡椒、醬油調和，汁淪（澆）之。或薑汁醋淺之，或入羹。

——明・宋詡《宋氏養生部》

點評 色味俱備，比今天一般的魚腐蝦腐，精緻得多。

油炒牛

一，用熟者切大臠塊，或膾細切。以鹽、酒、花椒沃醃之，投油中炒乾香。

二，生者切膾，同製，加醬、生薑，惟宜熱鍋中速炒起。

三，生膾沃稍加鹽、赤砂糖，投熬油速起。

——明・宋詡《宋氏養生部》

點評

牛肉宜急炒速起，古人早明此理！

生爨牛 焯牛肉

一，視橫理薄切為牒薄片，用酒、醬、花椒沃稍醃片時，投寬猛火湯中速起。凡和鮮筍、蔥頭之類皆宜先烹之。

二，以肉入器，調椒醬，作沸湯淋，色改即用也。《禮》《禮記》曰：「薄切之必絕其理切斷肉的紋理。」

——明・宋詡《宋氏養生部》

點評 橫紋切牛肉，道理自古傳。

鹽煎牛　炒牛肉

肥腯肥者薄㓟薄片，先用鹽、酒、蔥、花椒沃稍加少時，燒鍋熾，遂投內速炒，色改即起。

——明・宋詡《宋氏養生部》

東坡肉

洗淨鐺，少著水，柴頭罨煙餡不起。待他自熟莫催他，火候足時他自美。黃州好豬肉，價賤如泥土。貴者不肯食，貧者不解煮。早晨起來打兩碗，飽得自家君莫管。

——宋・蘇東坡《東坡續集》

點評

紅燒肉，急不得！

紅煨肉三法

或用甜醬，或用秋油醬油，或竟不用秋油、甜醬。每肉一斤，用鹽三錢，純酒煨之；亦有用水者，但須熬乾水氣。三種治法皆紅如琥珀，不可加糖炒色。早起鍋則黃，當可則紅，過遲紅色變紫，而精瘦肉轉硬。常起鍋蓋則油走，而味都在油中矣。大抵割肉雖方，以爛到不見鋒棱，上口而精肉俱化為妙。全以火候為主。諺云：「緊火粥，慢火肉。」至哉言乎！

——清・袁枚《隨園食單》

燒小豬・燒豬肉

小豬一個，六七觔（斤）重者，鉗毛去穢，叉上炭火炙（火上烤）之。要四面齊到，以深黃色為度。皮上慢慢以奶酥油（牛或羊奶製的油膏）塗之，屢塗屢炙。食時酥為上，脆次之，硬斯下矣。旗人有單用酒、秋油蒸者，亦惟吾家龍文弟頗得其法。

凡燒豬肉，須耐性。先炙裏面肉，使油膏走入皮內，則皮鬆脆而味不走。若先炙皮，則肉中之油盡落火上，皮既焦硬，味亦不佳。燒小豬亦然。

——清・袁枚《隨園食單》

點評

原來燒乳豬皮脆還未到家，酥為最高境界！

雞肝

用酒、醋噴炒，以嫩為貴。

——清・袁枚《隨園食單》

燉品

虛弱者取（雞）一隻，五味汁和肉一器中，封口，重湯中煮之，使骨肉相去，即食之，甚補益。

——唐・孟詵《食療本草》

湯菹 醃菜

菘菜（黃芽白）佳，蕪菁（蘿蔔科，俗稱大頭菜）亦得。收好菜，擇訖，即於熱湯（熱水）中煠（焯）出之。若菜已萎者，水洗，漉出（撈出），經宿生之，然後湯煠。煠訖，冷水中濯之，鹽、醋中。熬胡麻油著，香而且脆。多作者，亦得至春不敗。

——北魏・賈思勰《齊民要術》

點評 菜要青脆，秘訣在於過冷水。

家常煎魚

家常煎魚，須要耐性。將鮮魚洗淨，切塊，鹽醃，壓扁，入油中兩面煎黃，多加酒、秋油，文火慢慢滚之，然後收湯作鹵汁，使作料之味全入魚中。第此法指魚之不活者而言。如活者，又以速起鍋為妙。

——清・袁枚《隨園食單》

點評

游水魚與冰鮮魚，煎法大有不同！

粥飯

飯之大病，在內生外熟，非爛即焦；粥之大病，在上清下澱，如糊如膏，此火候不均之故……其吃緊二語，則曰：粥水忌增，飯水忌減；米用幾何，則水用幾何，宜有一定之度數。

——清・李漁《閑情偶寄》

點評

粥飯雖簡單，煮得好還得懂道理。

素高湯

菜之味在湯，而素菜尤以湯為要。冬筍、摩姑（蘑菇），其湯誠佳，然非習用之品。胡豆（蠶豆）浸軟去皮煮湯，鮮美無似。胡豆芽、黃豆芽、黃豆湯次之。惟萊菔（蘿蔔）與胡萊菔（胡蘿蔔）同煮作湯，最為濃腴。各菜皆宜，久於餐蔬者自知之。素食說略餘編中所稱高湯，指以上各湯而言。

——清・薛寶辰《素食說略》

點評

素高湯符合現代健康概念，大可一試。

萊菔湯

蘿蔔高湯

京師扁萊菔（蘿蔔）、陝西天紅彈萊菔為最上，其餘萊菔次之。用萊菔七成、胡萊菔（胡蘿蔔）三成，切片或絲，同以香油炒過，再以高醬油烹透，然後以清湯悶之。悶（燜）萊菔極爛，其湯即為高湯。或澆飯，或澆麵，或作別菜之湯，無不腴美。

——清．薛寶辰《素食説略》

蠶豆湯、蠶豆芽湯

豆漏軟去皮，以煮至豆開花時，豆已爛熟，將湯澄出，作為各菜之湯，鮮美無似，一切湯皆不及也。若用湯多，不及剝去豆皮，湯味便減。至於以蠶豆芽煮湯，味亦清腴，雖不及去皮蠶豆湯之鮮美，仍不失為素蔬中之高湯也。

——清・薛寶辰《素食說略》

三鮮蛋

用雞蛋三枚去殼，置碗中，加去油之火腿湯一茶杯、鹽少許，用箸極力調和。蒸熟，形如極嫩之水豆腐，再加火腿屑兩匙、蘑菇屑兩匙、鮮蝦仁兩匙、生雞蛋去殼一枚，連蒸熟之蛋同入大碗，再加蘑菇湯一茶杯、鹽少許，極力調和，仍蒸透食之。以此法蒸成之蛋，碗面碗底各料均勻，嫩而不硬，故為可貴。若尋常燉蛋，雖加入火腿屑等珍貴之物，往往上清下渾，上嫩下老，碗底必為堅硬之肉塊也。

——清・徐珂《清稗類鈔》

點評

加料蒸蛋嫩滑有方法。

魚餅 魚腐

鮮魚取脅不取背。肥豬取膘（肥肉）不取精（瘦肉）。膘四兩，魚一斤，十二個雞子（雞蛋）清，魚也剁，肉也剁，魚肉合剁爛，漸入雞子清（雞蛋白），涼水一杯，新慢加急剁成。鍋先下水，滾即停。將刀挑入鍋中烹，笊籬取入涼水盆。斟酌湯味，下之囫圇吞（整個魚餅放入）。

——清・顧仲《養小錄》

蒸魚

更有製魚良法，能使鮮肥迸出，不失天真，遲速咸宜、不虞火候者，則莫妙於蒸。置之鏇內，又陳酒油各數盞，覆以瓜薑及蕈筍諸鮮物，緊火蒸之極熟，此則隨時早暮，供客咸宜。以鮮味盡在魚中，並無一物能侵，亦無一氣可泄，真上著也。

——清・李漁《閑情偶寄》

千載家常

母親燒飯從不看食譜，一日三餐卻千變萬化。祖母未讀過古書，怎麼她的煎魚餅和炒雞蛋會與北魏《齊民要術》所載如此類同？

今人談膽固醇而色變，偶一為之才敢上圍村菜館吃一碗豬油撈飯以解饞。豬油豉油撈飯豈只是我輩懷念的童年滋味，它是周朝時代的家常便飯；二千多年前稱為「淳熬」。

古代食譜，似曾相識，只因家常菜也有千載淵源。

淳熬、淳毋

豬油撈飯

淳熬，煎醢（魚醬汁或肉醬汁，見86頁）加於陸稻（米飯）上，沃之以膏，曰淳熬。

煎醢加於黍（小米）食上，沃之以膏，曰淳毋。

——周・《禮記》

缹豬肉

蒸豬肉

淨燖（火上燎燒）豬訖，更以熱湯（熱水）遍洗之，毛孔中即有垢出，以草痛揩，如此三遍，梳洗令淨。四破，於大釜煮之。以杓接取（撇取）浮脂，別著甕中；稍稍添水，數數接脂。脂盡，漉出（撈出），破為四方寸臠（塊），易水更煮。下酒二升，以殺腥臊，青、白（青酒白酒）皆得。若無酒，以酢（醋）漿代之。添水接脂，一如上法。脂盡，無復腥氣，漉（撈）出，板切，於銅鐺中缹（蒸）之。一行肉，一行擘（撕碎）蔥、渾豉（全粒豆豉）、白鹽、薑、椒。如是次第布訖（排放好），下水缹（蒸）之，肉作琥珀色乃止。恣意飽食亦不鋗（鋗是小盆，此句可能指吃飽亦不膩），乃勝燠（水煮）肉。欲得著冬瓜、甘瓠（葫蘆瓜類）者，於銅器中布肉時下之。其盆中脂練白如珂雪，可以供餘用者焉。

——北魏・賈思勰《齊民要術》

炙豚

烤豬

用乳下豚（乳豬）極肥者，豶（閹過的公豬）、牸（母豬）俱得。治一如煮法，揩洗、刮削，令極淨。小開腹，去五藏（臟），又淨洗。以茅茹腹令滿，柞（硬）木穿，緩火遙炙（火上烤），急轉勿住（不停）。轉常使周匝，不匝則偏焦也。清酒數塗以發色。色足便止。取新豬膏極白淨者，塗拭勿住。若無新豬膏，淨麻油亦得。色同琥珀，又類真金。入口則消，狀若凌雪，含漿膏潤，特異凡常也。

——北魏・賈思勰《齊民要術》

點評 當時的燒乳豬以肥為美，「入口則消，狀若凌雪。」今天的讀者恐怕要望而生畏了！

燒豬肉

蒸豬肉

洗肉淨，以蔥、椒及蜜少許、鹽、酒擦之。鍋內竹棒擱起。鍋內用水一盞、酒一盞，蓋鍋，用濕紙封縫。乾則以水潤之。用大草把一個燒，不要撥動。候過草燒盡，再燒草把一個。住火飯頃停火約一頓飯時間。以手候鍋蓋冷開蓋翻肉。再蓋，以濕紙仍前封縫。再以燒草把一個。候鍋蓋冷即熟。

——元・倪瓚《雲林飲食制度集》

點評

善用餘熱，火候老到！

清燒豬

◆方法一

用肥精肉軒切成塊之，鹽揉。取生茄半剖，界稜，或瓠葫蘆瓜布鍋底，置肉，加蔥、花椒，紙封鍋，燒熟。

◆方法二

不用藉不用瓜墊底，常灑以酒，慢燒煮熟，宜蒜醋。

——明・宋詡《宋氏養生部》

鹽酒燒豬、鹽酒烹豬

鹽酒蒸肘子

◆**鹽酒燒豬：**

取肥嬌蹄肘子，每一、二斤以白酒、鹽、蔥、花椒，和浥使之濕潤頃之，架少水鍋中，紙固封，慢煬火燒火，俟熟。

◆**鹽酒烹豬：**

烹稍熟，乘熱以白酒、鹽、蔥、花椒遍擦，架鍋中，鍋中少沃稍加以熟油，蒸香，又少沃以酒，微蒸取之。

——明・宋詡《宋氏養生部》

乾鍋蒸肉

用小磁鉢，將肉切方塊，加甜酒、秋油（醬油），裝大鉢內，封口，放鍋內，下用文火乾蒸之。以兩枝香（燒兩枝香的時間）為度。不用水，秋油與酒之多寡，相肉而行，以蓋滿肉面為度。

——清・袁枚《隨園食單》

碗蒸羊

肥嫩者每斤切作片。粗碗一隻，先盛少水，下肉，用碎葱一撮、薑三片、鹽一撮，濕紙封碗面，於沸上火（旺火之上）炙（蒸）數沸。入酒、醋半盞、醬、乾薑末少許，再封碗，慢火養，候軟供。

——元・無名氏《居家必用事類全集》

燒鵝

雲林燒鵝

用「燒豬肉」法見49頁。亦以鹽、椒、蔥、酒多擦腹內，外用酒、蜜塗之。入鍋內。餘如前法。但先入鍋時，以腹向上，後翻則腹向下。

——元・倪瓚《雲林飲食制度集》

雲林鵝（二） 雲林蒸鵝

《倪雲林集》中載制鵝法：整鵝一隻，洗淨後，用鹽三錢擦其腹內，塞蔥一帚，填實其中，外將蜜拌酒通身滿塗之。鍋中一大碗酒、一大碗水蒸之，用竹箸（筷）架之，不使鵝身近水。竈（灶）內用山茅二束，緩緩燒盡為度。俟鍋蓋冷後，揭開鍋蓋，將鵝翻身，仍將鍋蓋封好蒸之，再用茅柴一束，燒盡為度；柴俟其自盡，不可挑撥。鍋蓋用綿紙糊封，逼燥裂縫，以水潤之。起鍋時，不但鵝爛如泥，湯亦鮮美。以此法制鴨，味美亦同。每茅柴一束，重一斤八兩。擦鹽時，攙入蔥、椒末子，以酒和勻。《雲林集》中載食品甚多；只此一法，試之頗效，餘俱附會。

——清・袁枚《隨園食單》

點評 袁枚評倪瓚的食譜中，只有燒鵝一譜可行，餘俱附會，老饕可試菜判斷。

鴨糊塗

煨鴨

用肥鴨，白煮八分熟，冷定去骨，拆成天然不方不圓之塊，下湯內煨，加鹽三錢、酒半斤，捶碎山藥淮山，同下鍋作纖勾芡，臨煨爛時，再加薑末、香蕈、蔥花。如要濃湯，加放粉纖芡粉。以芋代山藥亦妙。

——清・袁枚《隨園食單》

點評

似今天的炆鴨，殊不糊塗。

雞鬆

缽頭蛋蒸雞蓉

肥雞一隻，用兩腿，去筋骨剁碎，不可傷皮。用雞蛋清、粉縴（芡粉）、松子肉，同剁成塊。如腿不敷用，添脯子肉，切成方塊，用香油灼黃，起放缽頭內，加百花酒半斤、秋油（醬油）一大杯、雞油一鐵勺，加冬筍、香蕈、薑、蔥等。將所餘雞骨皮蓋面，加水一大碗，下蒸籠蒸透，臨吃去之（把雞皮去掉）。

——清．袁枚《隨園食單》

黃雀饅頭法

釀禾花雀

用黃雀，以腦及翅、蔥、椒、鹽同剁碎，釀腹中。以發酵麵裹之，作小長卷，兩頭令平圓，上籠蒸之。或蒸後如糟饅頭法糟過，香油炸之尤妙。

——元・倪瓚《雲林飲食制度集》

餅炙 煎魚餅

取好白魚，淨治，除骨取肉，琢（剁碎）得三升。熟豬肉肥者一升，細琢。酢（醋）五合，蔥、瓜菹（醃瓜）各二合，薑、橘皮各半合，魚醬汁三合，看鹹淡多少，鹽之適口。取足作餅，如升盞（酒盞）大，厚五分。熟油微火煎之，色赤便熟，可食。另有版本加：「用椒十枚，作屑（研碎）和之。」

——北魏・賈思勰《齊民要術》

點評 一千五百年前的魚餅，與今天的煎魚餅比較如何？

蓮房魚包

魚肉釀蓮蓬

將蓮花中嫩房（青嫩蓮蓬）去穰截底，剜穰留其孔，以酒、醬、香料加活鱖魚塊實其內，仍以底坐甑內蒸熟，或中外塗以蜜，出楪（取出）用漁父三鮮供之。三鮮，蓮、菊、菱湯虀也。

——宋・林洪《山家清供》

魚膏　魚肚凍

今人以鰾（廣東人統稱之魚肚）煮凍作膏，切片，以薑、醋食之，呼為魚膏。

——明・李時珍《本草綱目》

點評

魚肚名貴並滋補，此該為可試的冷盤吧！

蝦魚筍蕨羹

春采筍蕨之嫩者，以湯瀹（水煮熟）過，取魚蝦之鮮者同切作塊子，用湯泡裹蒸熟，入醬油、麻油、鹽、研胡椒，同綠豆粉皮拌勻，加滴醋，今後苑（宮庭後苑）多進此，名蝦魚筍蕨羹。

——宋・林洪《山家清供》

筍鱖

筍蔬煮桂花魚

「東坡與錢穆父書」：「竹萌亦佳貺，取筍、蕈、菘心黃芽白的嫩心與鱖鱖魚，又稱桂花魚相對，清水煮熟，用薑、蘆菔蘿蔔自然汁及酒三物等，入少鹽，漸漸點灑之，過熟可食。不敢獨味此，請依法作，與老嫂共之。呵呵。」

——蘇東坡《蘇軾文集》

鯽魚肚兒羹

用生鯽魚小者，破肚去腸。切腹腴肥肉兩片子，以蔥、椒、鹽、酒浥之。腹後相連如蝴蝶狀。用頭、背等肉熬汁，撈出肉。以腹腴用筲箕或笊籬盛之，入汁肉焯過。候溫，鑷剔出骨，花椒或胡椒、醬水調和。前汁捉清如水，入菜，或筍同供。

——元・倪瓚《雲林飲食制度集》

青蝦卷爊

蝦汁筍片拌蝦肉

生青蝦去頭殼，留小尾。以小刀子薄批，自大頭批至尾，肉連尾不要斷。以蔥、椒、鹽、酒、水淹醃之。以頭殼擂碎熬汁，去查渣。於汁內爊沸水中略煮蝦肉，後澄清，入筍片，糟薑片供。元原汁，不用辣酒，不須多爊令熟。

——元．倪瓚《雲林飲食制度集》

點評 用蝦頭殼熬的汁焯蝦，再加筍片拌食，汁有濃厚蝦味，蝦亦不至過火，濃鮮俱備，絕對是簡單易做的精緻菜。

酒煮蟹

用蟹洗淨，生帶殼剁作兩段。次擘開殼，以股剁作小塊，殼亦剁作小塊，腳只用向上一段，螯（蟹鉗）擘開。蔥、椒、純酒，入鹽少許，於砂鍋器中重湯頓（隔水燉）熟。啖之不用醋供。

——宋・林洪《山家清供》

新蟹法

用蟹，生開，留殼及腹膏。股、腳段作指大寸許塊子，以水洗淨，用生蜜淹醃之，良久，再以蔥、椒、酒少許拌過，雞汁內爓沸汁中略煮。以前膏腴蒸，去殼入內。糟薑片子清雞元汁原汁供。不用不用螯。不可爓過了。

——元・倪瓚《雲林飲食制度集》

蟹鱉 蛋蒸蟹肉

以熟蟹剔肉，用花椒少許攪勻。先以粉皮鋪籠底乾荷葉上，卻鋪蟹肉粉皮上，次以雞子（雞蛋）或鳧彈（水鴨蛋）入鹽少許攪勻澆之，以蟹膏鋪上，蒸雞子乾為度。取起，待冷，去粉皮，切象眼塊。以蟹殼熬汁，用薑濃搗，入花椒末，微著真粉牽和（勾芡），入前汁或菠菜鋪底供之。甚佳。

——元・倪瓚《雲林飲食制度集》

代熊掌

蟹膏雜燴

將烝蒸熟雄蟹剔出白油，配肥肉片、脂油丁、松菌、蘑菇、醬油、薑汁、雞湯膾可能應作「燴」，是一種用湯水汆或燉的烹飪法。味媲熊掌。

——清・《調鼎集》

點評

現代科學分析，熊掌含脂肪百分之四十三；以雄蟹膏、肥肉片、脂油丁為主作代熊掌，有道理！

假鰒魚羹

假鮑魚羹

田螺大者煮熟，去腸靨（掩螺殼口的硬片），切為片，以蝦或肉汁米熬之。臨供，更入薑絲、熟筍為佳。蘑菇汁尤妙。

——元・無名氏《居家必用事類全集》

缹瓜瓠 蒸雜瓜

冬瓜、越瓜（古代一種甜瓜）、瓠（葫蘆瓜），用毛未脱者，毛脱即堅。漢瓜（古代的一種瓜）用極大饒肉者，皆削去皮，作方臠（塊），廣一寸，長三寸。偏宜豬肉，肥羊肉亦佳；肉須別煮令熟，薄切。蘇油（即酥油，羊脂或牛脂）亦好。特宜菘菜（黃芽白菜）。蕪菁、肥葵、韭等皆得。蘇油，宜大用莧菜。細擘（撕）蔥白，蔥白欲得多於菜。無蔥，薤白代之。渾豉（全粒豆豉）、白鹽、椒末。先布菜於銅鐺底，次肉，無肉以蘇油代之。次瓜，次瓠，次蔥白、鹽、豉、椒末，如是次第重布，向滿為限。少下水，僅令相淹漬。缹（蒸）令熟。

——北魏・賈思勰《齊民要術》

點評 層次分明，有道理！可試可試！

缹菌

蒸菌菇

缹菌，一名「地雞」，口未開，內外全白者佳；其口開裏黑者，臭不堪食。其多取欲經冬者，收取，鹽汁洗去土，蒸令氣餾，下著屋北陰乾之。當時隨食者，取即湯煠（在燒開水中稍煮）去腥氣，擘破。先細切蔥白，和麻油，蘇油（酥油）亦好。熬令香；復多擘（撕碎）蔥白，渾豉（全粒豆豉）、鹽、椒末，與菌俱下，缹（蒸）之。宜肥羊肉；雞、豬肉亦得。肉缹者，不須蘇油。肉亦先熟煮，薄切，重重布之如「缹瓜瓠法」（見71頁），唯不著（墊）菜也。

——北魏・賈思勰《齊民要術》

缹茄子

蒸茄子

用子未成者，子成則不好也。以竹刀骨四破之，用鐵（鐵刀）則渝黑。火湯煠（熱水中焯）去腥氣。細切蔥白，熬油令香，蘇彌（蘇子油）好。香醬清、擘（撕碎）蔥白與茄子俱下，缹（蒸）令熟。下椒、姜末。

——北魏・賈思勰《齊民要術》

燒茄

乾鍋內，每油三兩，擺去蒂茄十個，盆蓋燒。候軟如泥，入鹽、醬、麻芝麻、杏各料拌。入蒜尤佳。

——明・戴羲《養餘月令》

囫圇肉茄

燒釀茄子

嫩大茄，留蒂，上頭切開半寸許，輕輕挖出內肉，多少隨意。以肉切作餅子料餡料，油、醬調和得法，慢慢塞入茄內。作好，疊入鍋內，入汁湯燒熟，輕輕取起，疊入鍋內，茄不破而內有肉，奇而味美。

——清·顧仲《養小錄》

點評 老少咸宜釀茄瓜。

山家三脆

嫩筍、小蕈、枸杞、菜油炒作羹，加胡椒尤佳，趙竹溪崟夫（趙某）酷嗜此，或作湯餅以奉親，名「三脆麵筍蕈」。嘗有詩云：「筍簟初萌杞葉纖，燃松自煮供親嚴，人間肉食何曾鄙，自是山林滋味甜。」蕈亦名菰。

——宋・林洪《山家清供》

酒煮玉蕈

鮮蕈淨洗，約水煮少熟，乃以好酒煮，或佐以臨漳綠竹筍尤佳。施雪隱樞「玉蕈」詩云：「幸從腐木出，放被齒牙私，信有山林味，難教世俗知。香痕浮玉葉，生意滿瓊枝，饕腹何多幸，相酬獨有詩。」今後苑宮庭後苑多用酥炙火上烤，其風味尤不淺也。

——宋・林洪《山家清供》

醉香蕈

揀淨，水泡，熬油炒熟。其泡水，澄去滓，仍入鍋，收乾取起，停冷。以冷濃茶洗去油氣，瀝乾，入好酒釀，醬油醉之。半月味透。素饌中妙品也。

——清・顧仲《養小錄》

黃芽菜煨火腿

用好火腿，刴下外皮，去油存肉。先用雞湯，將皮煨酥，再將肉煨酥，放黃芽菜心，連根切段，約二寸許長；加蜜、酒釀及水，連煨半日。上口甘鮮，肉菜俱化，而菜根及菜心絲毫不散。湯亦美極。朝天宮道士法也。

——清・袁枚《隨園食單》

炸山藥、鹹蒸山藥

炸淮山、鹹蒸淮山

切塊，按五分厚，一寸寬長，以豆腐皮包之，外纏以麵糊，以油炸之。此即《隨園》所謂素燒鵝也。再如前法炸過，飣碗堆在碗內加湯蒸之，亦軟美。

——清・薛寶辰《素食說略》

王太守八寶豆腐

用嫩片切粉碎，加香蕈屑、蘑菇屑、松子仁屑、瓜子仁屑、雞屑、火腿屑，同入濃雞汁中，炒滾起鍋。用腐腦亦可。用瓢（葫蘆殼造的勺子）不用箸。孟亭太守云：「此聖祖賜徐健庵尚書方也。尚書取方時，御膳房費一千兩。」太守之祖樓村先生為尚書門生，故得之。

——清・袁枚《隨園食單》

點評

花費一千兩取得的康熙皇帝宮庭秘方，流傳民間而為饞饕袁枚欣賞，必有道理！

炒雞子

炒雞蛋

打破，著銅鐺中，攪令黃白相雜。細擘撕碎蔥白，下鹽米、渾豉全粒豆豉，麻油炒之，甚香美。

——北魏・賈思勰《齊民要術》

煮蛋

雞鴨蛋同金華火腿煮熟取出，細敲碎皮，入汁再煮一二柱香，味妙。剝淨凍之，更妙。

——清・顧仲《養小錄》

雞粥

雞茸羹

肥母雞一隻，用刀將兩脯肉去皮細刮，或用刨刀亦可；只可刮刨，不可斬，斬之便不膩矣。再用餘雞熬湯下之。吃時加細米粉、火腿屑、松子肉，共敲碎放湯內。起鍋時放蔥、薑，澆雞油，或去渣、或存渣，俱可。宜於老人。大概斬碎者去渣，刮刨者不去渣。

——清・袁枚《隨園食單》

點評

此乃以雞茸代替米煮的粥，其實是羹，秘訣是以雞熬湯，雞肉刨茸後下，味濃質嫩有道理！

常備作料

今人烹飪，作料款式繽紛，濃淡隨意，品牌繁多，市上採購極其方便。古代廚中作料，皆得自行炮製。例如古食譜常見的「醢」，顯然是常備的主要調味品。

讀北魏《齊民要術》的魚醬和肉醬製法，可以想像「醢」是甚麼味道的醬汁。更複雜的調味，古人會把作料配好蒸成小丸，叫「葷大料」，方便程度不下於今天的現成調味包。

古代廚房有常備配料，例如蝦子、魚乾、糟蛋，長期不壞，隨手可用。古時沒有冰箱，古人自有炮製之方。關心健康的現代老饕，或許可以試試古方自製綠色家常作料？

醢 魚醬汁或肉醬汁

作醢及臡帶骨肉醬者，必膊乾其肉，乃後莝剁之，雜以梁曲酒曲及鹽，清以美酒，塗置瓶中，百日則成矣。

——周・《周禮》

肉醬

肉醬汁

牛、羊、麞、鹿、兔肉皆得作。取良殺新肉，去脂，細剉剁。陳肉不新鮮的肉乾者乾肉不任用，合混合脂令醬膩。曬麴發酵酒用的麴令燥，熟擣，絹簁篩。大率肉一斗，麴末五升，白鹽兩升半，黃蒸發酵醬用的黃酶一升，曝乾，熟擣，絹簁。盤上和令均調，內甕子中。有骨者，和訖先擣，然後盛之。骨多髓，既肥膩，醬亦然也。泥封，日曝。寒月作之，宜埋之於黍穰乾桿積中。二七日開看，醬出無麴氣便熟矣。買新殺雉野雞煮之，令極爛，肉銷盡，去骨取汁，待冷解同澥，即調稀醬。雞汁亦得。勿用陳肉，令醬苦膩。無雞、雉，好酒解之。還著日中放在太陽下曬。

——北魏・賈思勰《齊民要術》

點評 古代廚中主要調味品，常見於各種古食譜。

魚醬

魚醬汁

鯉魚、鯖魚第一好，鱧魚亦中。鱭魚、鮐魚即全作（用整條），不用切。去鱗，淨洗，拭令乾，如膾（切絲）法披破縷切之，去骨。大率成魚一斗，用黃衣（發酵醬用的黃黴）三升，一升全用，二升作末（研成粉末）。白鹽二升，黃鹽則苦。乾薑一升，末之。橘皮一合，縷切之（切絲）。和令調均，內甕子中，泥密封，日曝。勿令漏氣。熟以好酒解之。

凡作魚醬、肉醬，皆以十二月作之，則經夏無蟲。餘月亦得作，但喜生蟲，不得度夏耳（過不了夏天）。

——北魏・賈思勰《齊民要術》

點評　古代廚中主要調味品，常見於各種古食譜。

奧肉

藏豬肉法

先養宿（隔年）豬令肥，臘月中殺之。燅（用火燎燒）訖，以火燒之令黃，用暖水梳洗之，削刮令淨，刳去五藏。豬肪㸆（煎炒）取脂。肉臠（塊）方五六寸作，令皮肉相兼，著水令相淹漬，於釜中㸆之。肉熟，水氣盡，更以向所㸆肪膏煮肉。大率脂一升，酒二升，鹽三升（疑原文分量有誤），令脂沒肉，緩火煮半日許，乃佳。漉出（撈出）甕中，餘膏仍瀉肉甕中，令相淹漬。食時，水煮令熟，而調和之如常肉法。尤宜新韭爛拌。亦中炙噉（用火烤着吃）。其二歲豬，肉未堅，爛壞不任作也。

——北魏・賈思勰《齊民要術》

鮸魚乾鱠

鮸魚乾

吳郡獻松海鮸（鮸魚）乾鱠（乾魚絲）四瓶，瓶容一斗。浸一斗可得徑尺數盤。大者長四五尺，鱗細而紫色，無細骨不腥者，捕得之即於海船之上作鱠（細切肉），去其皮骨，取其精肉縷切，隨成隨曬三四日，須極乾。以新白甆瓶盛之，密封泥，勿令風入。經五六十日，不異新者。

取啖之時，開出乾鱠，以布裹，大瓮盛水漬之，三刻久出，帶布瀝卻水，則皦然（亮白）。散置盤上，如新鱠無別。細切香柔葉鋪上，筯（筷子）撥令調勻進之。海魚體性不腥，然鱕鮸魚肉軟而白色，經乾又和以青葉，皙然極可噉（吃）。

——唐·《大業拾遺記》載於《太平廣記》

海蝦子

又獻海蝦子梃梃為竿狀物的數量單位。梃長一尺，濶一寸，厚一寸許，甚精美。作之法：取海白蝦有子者，每三五斗置密竹籃中，於大盆內以水淋洗。蝦子在蝦腹下，赤如覆盆子灌木覆盆子的紅色果實，則隨水從籃目中下。通計蝦一石，可得子五升，從盆內漉出撈出。縫布作小袋子，如徑寸半竹大，長二尺。以蝦子滿之，急繫頭，隨袋多少，以末鹽封之，周厚數寸。經一日夜出曬，夜則平板壓之，明日又出曬，夜以前壓。十日乾，則拆破袋，出蝦子梃。色如赤玻璃，光徹而肥美，鹽於鯔魚數倍。

——唐・《大業拾遺記》載於《太平廣記》

百日內糟鵝蛋

新釀三白酒初發漿，用麻線絡着鵝蛋，掛竹棍上，橫酒缸口，浸蛋入酒漿內。隔日一看，蛋殼碎裂如細歌窯紋，取起抹去碎，殼勿損內衣。預製米酒甜糟，酒釀糟更妙。多加鹽拌勻，以糟搵蛋上，厚倍之，入罐。一大罐可容蛋二十枚，兩月餘可供。

——清・顧仲《養小錄》

筍油

筍十斤，蒸一日一夜，穿通其節，鋪皮上，如作豆腐法。上加一板壓而笮，之使汁水流出，加炒鹽一兩，便是筍油。其筍曬乾，仍可作脯。天台僧制以送人。

——清・袁枚《隨園食單》

筍油

南方制鹹筍乾，其煮筍汁，與醬油無異。蓋換筍而不換汁，故色黑而潤，味鮮而厚，勝於醬油，佳品也。山僧受用者多，民間鮮致。

——清・顧仲《養小錄》

蓽大料

官桂上等桂皮良薑蓽撥胡椒科香料，陳皮草蔻香砂砂仁，茴香各兩定須加，二兩川椒楝罷。甘草粉兒兩半，杏仁五兩無空，白檀半兩不留查，蒸餅為丸彈大。

——清・顧仲《養小錄》

香蕈粉

香菇粉

香蕈，或曬或烘，磨粉入饌內，其湯最鮮。

——清・顧仲《養小錄》

點評

香菇調味粉非現代新發明！

筍粉

鮮筍，老頭差嫩者選不嫩的老筍，以藥刀切作極薄片，篩內曬乾，磨粉收貯。或調湯，或頓炖蛋，或拌肉內，供無筍時，何其妙也。

——清・顧仲《養小錄》

點評

綠色、有機、健康的調味劑，食品廠或可會考慮推出？

懷古解饞

孟子說魚與熊掌難以取捨，顯然二物皆為古代頂級美食。今人魚可盡嚐，熊掌即使如何鮮美，都只能讀古譜而興歎。

《禮記》裏周代的烹全豬，以豬油浸豬，配以香草燉三天三夜，再調以醋和肉醬汁。北魏的胡炮肉，用肥美的羊肉切絲加十數種香料填入羊肚，放在燒紅的坑中以灰熱逼熟。如此炮製豬羊，可以想像香氣四溢令人垂涎，但今日誰能花此功夫？

歷代文人以吃河豚入詩詞者無數。明代養生食譜有去河豚毒之方，但今天多少人有「拼死食河豚」的勇氣？

古代珍味，或如熊掌已不可復得，或如炮豚工序繁複而難以炮製，或如河豚劇毒不敢輕嚐，凡此種種，我們只能紙上「目食」，懷古解饞。

炮豚

古代八珍之一

取豚若將刲（宰）之刳（挖空內臟）之，實棗於其腹中，編萑以苴（用蘆草包裹）之，塗之以墐塗（塗上以混草的泥）。炮（烤）之，塗皆乾，擘（剝開）之，濯手（洗淨手）以摩（搓揉）之，去其皽（肉的筋膜），為稻粉糔（水加麵粉）溲（調和）之以為酏（成糊狀），以付（敷）豚。煎諸膏（用豬油炸），膏必滅之（豬油必要浸過豬）。鉅鑊湯以小鼎薌（紫蘇類香草）脯於其中，使其湯毋滅鼎，三日三夜毋絕火，而後調之以醯（醋）醢（魚醬汁或肉醬汁）。

——周・《禮記》

點評

泥烤而後煮三天三夜，現代人誰能有此功夫？

擣珍　又作搗珍．古代八珍之一

取牛、羊、麋、鹿、麇之肉必脄（脊肉），每物與牛若一，捶反側之（反覆捶打），去其餌（肉的筋腱），熟出之，去其皽（肉膜），柔（加醬汁）其肉。

——周・《禮記》

熬

肉乾・古代八珍之一

捶（捶打）之，去其皽（肉膜），編萑布（用蘆草墊着）牛肉焉，屑（削）桂與薑，以灑諸上而鹽之，乾而食之。施羊亦如之，施麋、施鹿、施麇皆如牛羊。欲濡（濕軟）肉則釋（用水浸軟）而煎之以醢（魚醬汁或肉醬汁，見86頁），欲乾肉則捶而食之。

——周・《禮記》

肝膋 烤狗肝．古代八珍之一

取狗肝一（有版本作狼），幪之以其膋（以其油脂包捲），濡（濕）炙（火上烤）之，舉燋其膋（網油烤焦），不蓼（不用加調味）；取稻米舉糔溲之，小切狼臅膏，以與稻米為酏。

——周・《禮記》

糝　米飯

取牛羊豕之肉，三如一小切之，與稻米，稻米二肉一，合以為餌餅煎之。

——周・《禮記》

胡炮肉

羊肉釀羊肚

肥白羊肉；生始周年者，殺，則生縷切如細葉，脂亦切。著渾豉（全粒豆豉）、鹽、擘（撕碎）蔥白、薑、椒、蓽撥（胡椒科植物）、胡椒，令調適。淨洗羊肚，飜（翻）之。以切肉脂內（塞）於肚中，以向滿為限，縫合。作浪中坑（挖一個內陷的坑），火燒使赤，卻（去掉）灰火。內肚著坑中，還以灰火覆之，於上更燃火，炊一石米頃（煮一石米飯的時間），便熟。香美異常，非煮、炙（火上烤）之例（能比美）。

——北魏・賈思勰《齊民要術》

臡炙豘

烤乳豬

小形豘豬一頭，臡剖開，去骨，去厚處，安就薄處，令調。取肥豘肉三斤，肥鴨二斤，合細琢。魚醬汁三合，琢蔥白二升，薑一合，橘皮半合，和二種肉著豘上，令調平。以竹弗弗串穿之，相去二寸下弗。以竹箬著鋪上筍殼，上以板覆上，重物迮壓之。得一宿一夜。明旦，微火炙火上烤。以蜜一升合和，時時刷之，黃赤色便熟。先從前以雞子黃塗之，今世不復用也。

——北魏・賈思勰《齊民要術》

白瀹豚

煮全豬

用乳下肥豚。作魚眼湯，下冷水和之，燅(火上燎燒)豚令淨罷。若有麤(粗)毛，鑷子拔卻，柔毛則剔之。茅蒿葉揩洗，刀刮削令極淨。淨揩釜，勿令渝(生鏽變色)，釜渝則豚黑。絹袋盛豚，酢(醋)漿水煮之。繫小石，勿使浮出。上有浮沫，數接去。兩沸，急出之，及熱，以冷水沃(澆)豚。又以茅蒿葉揩令極白淨。以少許麵(麵粉)，和水為麵漿；復絹袋盛豚，繫石，於麵漿中煮之。接去浮沫，一如上法。好熟，出，著盆中，以冷水和(調和)煮豚麵漿使暖暖，於盆中浸之。然後擘(撕)食。皮如玉色，滑而且美。

——北魏・賈思勰《齊民要術》

糟肉

春夏秋冬皆得作。以水和酒糟，搦之如粥，著鹽令鹹。內捧炙肉火烤過的肉於糟中。著屋下陰地。飲酒食飯，皆炙噉燒烤然後吃之。暑月得十日不臭。

——北魏・賈思勰《齊民要術》

銜炙

取極肥子鵝一頭，淨治，煮令半熟，去骨，剉（剁）之。和大豆酢（醋）五合，瓜菹（醃瓜）三合，薑、桔皮各半合，切小蒜一合，魚醬汁二合，椒數十粒作屑（研碎），合和，更剉令調。取好白魚肉細琢，裹作弗（穿起來），炙（火上烤）之。

——北魏・賈思勰《齊民要術》

烹河豚

二月用（二月可食）。河豚剖治，去眼、去子、去尾鬣血等，務滌甚潔。切為軒（大塊）。先入少水，投魚，烹。過熟（煮透），次以甘蔗、蘆根制其毒，荔枝殼制其刺軟。續水，又同烹。過熟，胡椒、川椒、蔥白、醬、醋調和。忌埃墨荊芥。

——明・宋詡《宋氏養生部》

口外吐番爐羊

以整綿羊收拾乾淨。挖一坑，以炭數百斤，生紅漸消，乃以鐵鏈掛整羊其中，四面以草皮圍之，不使走風氣味。過夜開出，羊皮不焦而骨節俱酥，比平常燒更美。若內（內地）做做，即整羊腿肥羊，以餅爐如法制之亦可，但火候須疱人（廚師）在行耳。

——清・《調鼎集》

點評 現代城市生活，談何條件如許烤全羊？

烹熊掌

記得《茶餘客話》有一條云：「熊掌用石灰沸湯剝淨，以布纏煮熟，或糟尤佳。」曩曾見陳春暉故第牆外，磚砌煙筒高四、五尺，上口僅容一碗，不知何用。云是當日制熊掌處。以掌入碗封固，置口上，其下點蠟燭一枝，微熏火一晝夜，湯汁不耗，而掌已化矣。

——清・梁章鉅《浪跡叢談》

藏蟹肉法

蟹肉滿（肥美）時，蒸熟剝出肉黃（肉和膏），拌鹽少許，用磁器盛之。煉豬油，俟冷定傾入，以不見蟹肉為度。須冬間蒸留更妙。食時刮去豬油，挖出蟹肉，隨意烹調，皆如新鮮者。

——清・曾懿《中饋錄》

點評

可以想像其甘美，但講究衛生的今人敢吃否？

茄鮝 茄乾

把才摘下來的茄子把皮去了，只要淨肉，切成碎丁子，用雞油炸了，再用雞脯子肉並香菌、新筍、蘑菇、五香腐乾、各色乾果子，俱切成丁子，用雞湯煨乾，將香油一收，外加糟油一拌，盛在瓷罐子裏封嚴，要吃時拿出來，用炒的雞瓜一拌就是。

——清・曹雪芹《紅樓夢》

附錄　簡選古代烹飪詞彙

烹飪法：

炊：燒火煮食。

爨：與炊意思相同，燒火煮食。

燠：與爨通。

奧、腴：與燠通。

炙：火上烤。

炮：以火燒烤肉，周代的烹飪法。

熇：用火焙乾。

烙：灼，燒。

燂：火上烤。

煬：以旺火焙乾。

熬：文火慢煮，乾煎。

爊：把食物放在微火或埋在灰火中煨熟。亦與熬通。

燗、燅：把肉浸在熱水中煮至半熟。

蒸、烝：用蒸氣熱物。

缹：同蒸。

頓：同燉。

瀹：浸漬，用燒開水煮熟。

腤：用鹽，豉，蔥與肉類同煮。

煼：同炒。

爁：燒烤，炒。

煿：煎炒。

煠：同炸。食物放入油或湯（開水）中，一沸而出稱煠。

油煠：油炸。

湯煠：放入開水稍煮即出。

芼：放在開水裏焯熟。

炠：烘乾或乾炒。

煨：用文火燉熟，或埋在熱灰中令熟。

重湯：隔水燉。

熏燥：熏乾。

食物處理法：

渫：清洗去污。
溲：浸泡。
漉：撈出使乾涸。
沃：澆。
浥：使之濕潤。
濡：以汁液濕潤食物。
腩：用調味品醃漬以備烤炙。
莝、剉：剁碎。
琢：剁碎。
軒：切成塊。
臠：小塊。
縷切：切成絲。
膾：細切肉。
渾：全整，例如渾炙即整隻燒烤，渾豉即原粒豆豉。

齏：細碎，碎粉。
挼：搓，擦。
搦：掐，拍。
抳：攪，研磨。
爓、燖：用開水燙，然後去毛。可與燂或燅相通。
汆：把作料放入燒開水中稍煮。
釀：填之以餡。古書也有作「瓤」。也指酒，造酒。
鮝：乾製。最初指魚乾，故從魚字。
曝：曬。
苴：包裹之。
飜：翻。

材料部位：

胑、脢：豬牛羊等的脊側肉。
餌：肉上的筋腱。
膂：大牛的裏肌。
臆肉：下脯肉。

臡：帶骨的肉醬。
皺：肉上的筋膜。
膋：動物的油脂。

醬料：

脡：生肉造的醬。

醯：醋。

醓：用肉造的醬汁。

醢：魚醬汁或肉醬汁。

醷：梅漿。

醴：甜酒。

酢：醋的本字。

苦酒：魏晉南北朝時醋的別稱。

元汁：今作原汁。

粉牽：粉芡。

其他：

湯：熱水，開水。

虀：同齏。

臛：羹。

菹：醃菜或酸菜。

糝：米飯。

糗：炒熟的米麥。

註：上列古代飲食字詞，主要根據《說文解字》、《釋名》、《佩文韻府》、《康熙字典》和《辭源》等辭書，綜合解釋。

古法食譜

編　　著：吳瑞卿
責任編輯：冼懿穎　陳穎賢
封面設計：張　毅

出　　版：商務印書館（香港）有限公司
香港筲箕灣耀興道三號東滙廣場八樓
http://www.commercialpress.com.hk
發　　行：香港聯合書刊物流有限公司
香港新界荃灣德士古道 220-248 號
荃灣工業中心 16 樓
印　　刷：中華商務彩色印刷有限公司
香港新界大埔汀麗路 36 號中華商務印刷大廈 14 字樓
版　　次：二〇一三年十二月第一版第二次印刷

ISBN 978 962 07 5578 1
Printed in Hong Kong